FLORE

DES

ENVIRONS DE CLAMECY.

ORCHIDÉES

De la France centrale

PAR

P. BERBIGIER,

Professeur au Collége de Clamecy.

AVEC

DIX PHOTOGRAPHIES DE J. DESVIGNES.

CLAMECY,

IMPRIMERIE Vᵉ CÉGRÉTIN,

Rue de la Monnaie.

MLCCCLXXX.

FLORE

DES

ENVIRONS DE CLAMECY.

~~~~~~~~~~

ORCHIDÉES.

~~~~~

DISCOURS LU A LA SOCIÉTÉ SCIENTIFIQUE.

~~~~~~~~~~~~~~~~

Si les bœufs, les moutons, les chevaux, les bêtes, en un mot, ne mangeaient pas de foin ; si l'homme ne se nourrissait ni de pain, ni de riz et ne buvait ni vin, ni cidre ; si le pin, le hêtre, le sapin, le chêne ne lui donnaient abris et lambris ; si le quinquina, la gentiane, la rhubarbe et le séné ne chassaient ni la fièvre, ni les humeurs noires ; si nos sœurs, nos mères et nos amantes ne demandaient pas aux fleurs un surcroit d'agréments et de parure, je ne verrais guère l'utilité de la science des plantes, de la botanique.

Et comment se fait-il que cette science soit si délaissée en Nivernais? Comment se fait-il qu'il soit oublié le nom du chanoine Trouffaut, dont un discours, prononcé à Nevers, fut jugé propre à vulgariser des
~~~~~~~~~~~~~~~~

connaissances utiles à la conservation de l'homme,
et, comme tel, imprimé « sur la caisse des riches »
par ordre du conventionnel Noël Pointe ! Ce n'était pas
un génie, mais au moment de la création des Ecoles
Centrales, qui donnaient à la science un essor trop tôt
comprimé, il avait agi, il avait formé des élèves :
Gillet, auteur d'Annuaires intéressants ; Guillaume,
médecin en chef de l'armée d'Italie ; Léveillé, né à
Ourouër, botaniste et médecin distingué ; Ogier de
Saint-Parize-le-Châtel, inspecteur des académies de
Bourges, de Metz et de Strasbourg ; Bourdet de
Lausanne dont l'herbier doit être bondé des plantes de
la Nièvre ? Et plus près de nous, que sont devenues
les recherches de Simonnet, de Moulins-Engilbert, le
correspondant de Lamark ; de Casimir Saul ; de
Roussel de Vauzème qui étudia Alligny près Cosne ;
de M. Sagot, notre voisin de l'Yonne et de son ami
M. le docteur d'Arcy ? La cause de l'oubli de tant de
travaux ne serait-elle pas dans le manque de
publicité ?

Et s'il est vrai, comme dit Linné, « qu'ils doivent
être regardés comme saints, les promoteurs, qui, par
leur générosité, sont venus au secours de l'art, » se
pourrait-il que la jeune Société de Clamecy ne fît rien
pour tirer ses compatriotes d'un oubli qu'ils ne
méritent pas ?

Or il n'existe pas même un catalogue des plantes de
l'arrondissement de Clamecy ; et cette localité, sur
un espace des plus restreints, offre plus de deux cents
espèces des plantes rares de la France. Est-ce
étonnant ? Les marais ne couvrent pas un dixième de
département comme dans la Loire-Inférieure, mais il y
a le marais d'Andryes et les mares dérivées de
l'Yonne : voilà pour les plantes d'eau ; les forêts qui
en long et en large dépassent celles de Sarthe et de
Seine-et-Oise, reposent sur un sol de chaux parfois
mêlée de craie, et offrent un vrai paradis au botaniste ;
les anciens ravins, comblés par les eaux qui ont tamisé

la terre, conservent en serre naturelle les plantes
délicates ; nous n'avons pas les monts sourcilleux,
« pères des fleuves, » de la Haute-Loire; mais les
coteaux de Dornecy, d'Armes, de la Côte-Pâlotte, de
Chanteneau, de Saint-Bonnet, de Basseville, de la
Maison-Fort-sur-Andryes, fourmillent de fleurs
éclatantes comme le soleil qui les dore, et ces fleurs
ne trouveraient pas d'admirateurs ! Pourtant, grâce à
l'obligeance de M. Desvignes, le soleil a fait leur
portrait ; n'est-il pas ressemblant ? Jamais humbles
plantes se sont-elles vues mieux parées !

J'ai choisi une famille où le brillant des couleurs,
l'originalité des formes, la facilité de l'analyse nous
permissent de goûter les charmes de la botanique,
dont on se fait un épouvantail.

Cette application toute nouvelle de la photographie
donnera un modèle de cet enseignement par les yeux
préconisé avec tant de raison, et, sous les regards de
sa mère, la jeune fille ornera sa coiffure de fleurs plus
élégantes que les grosses cerises ou les épis de blé et
d'avoine de la modiste de Paris !

Un amateur bienveillant et facile, M. Foulieron,
peut montrer, à Clamecy, dans une serre modèle, les
fleurs étincelantes des tropiques ; nous aussi, sans frais,
nous pourrions égayer nos promenades et admirer
ces beaux sites que des peintres (1) se plaisent à
reproduire sur la toile, pour orner les salons de
compatriotes généreux et fortunés.

De plus, grâce à des portraits fidèles, toute recherche
fastidieuse de synonymie est écartée pour faire place à
la figure avenante d'une *Epipactis* ou d'une *Ophrys* aux
riantes couleurs. Si leur mine distinguée, si leur

---

1. M. Garcement dont les tableaux ornent les salons de
MM. Cornu, Tenaille-Saligny.

aspect coquet vous agrée, vous pouvez les posséder.
Elles demandent peu, obtiendront-elles moins encore ?
« Nous sommes si contentes, disent-elles, de nous
« voir décrites sur beau papier glacé. Quant à nos
« portraits ils seront près de trente, et vous êtes
« plus de cent, ne pourriez-vous pas nous payer deux
« sous pièce comme les belles poires au marché ? Cette
« légère dépense de trois francs servira à rechercher
« nos sœurs et à leur donner l'audace de se présenter,
« l'an prochain, devant vous en grand nombre ! »

BERBIGIER,

PROFESSEUR A CLAMECY.

INTRODUCTION.

Les *Orchidées* tirent leur nom des bulbes placés à la base de la tige de quelques espèces. Ces monocotylédones sont variées, originales d'aspect, de couleur; leur synonymie refaite par chaque auteur est indéchiffrable : les *Cephalanthera* le prouveront. Pour nous y reconnaître, aidons-nous donc de la photographie !

Les Orchidées ont des sexes distincts sur une même enveloppe florale, ou périanthe, de forme bizarre ; la fécondation est visible à l'œil nu ; les graines les propagent ; elles lèvent avec un seul cotylédon, une seule feuille germinale, et donnent des racines et des tiges plus ou moins poreuses; la moelle, dispersée et mêlée aux fibres, n'est pas réunie dans un canal central comme dans les dicotylédones; les nervures des feuilles sont parallèles dans le sens de la longueur et jamais veinées en réseau.

Les fleurs sont gynandres, l'organe mâle ou étamine est sur le pistil et forme avec lui le gynostème, la columelle ou la colonne. L'anthère, à deux loges, porte, renfermées dans un réseau, les masses de pollen ou *pollinies*. Les grains de pollen sont maintenus plus ou moins à l'état de masses par le réseau de fils élastiques dont la réunion forme le *caudicule*, qui s'unit au *rétinacle* ou *disque visqueux*. Ce disque est contenu dans le *rostellum* ou *bursicule*, organe particulier aux Orchidées. C'est un stigmate déformé, car les *cypripedium*, qui manquent de bursicule, ont un stigmate trifide qui produit des liquides visqueux.

Le stigmate, placé en fossette à la partie inférieure de la colonne, prend comme à la glu les grains de pollen. Ces grains projettent de longs tubes à travers le tissu spongieux du stigmate, et portent aux ovules le contenu des grains de pollen, la force inconnue de la vie.

L'*ovaire*, où se développent les ovules ou graines, est infère et s'ouvre en fentes, par six valves unies par les extrémités.

Le *périanthe* a six divisions irrégulières dont l'une plus grande, le *labelle* ou *tablier*, se prolonge souvent en *éperon* au doux nectar. Le labelle sécrète le nectar, lui sert de réservoir ou se couvre d'excroissances charnues que viennent ronger des êtres vivants. La fécondation de la plante par elle-même n'existe que chez les *Cephalanthera grandiflora*, *Ophrys nidus-avis*, *Listera ovata*, *Ophrys apifera*.

La nature a horreur des alliances entre parents et il semble qu'un grand avantage résulte de l'union d'individus séparés par de nombreuses générations. Les insectes, Darwin l'a démontré, travaillent à reproduire l'espèce. Un large labelle où il se puisse accrocher et poser ; des glandes au nectar sucré, à la base de la columelle ou dans l'éperon ; le brillant des fleurs, leur odeur douce ou forte, des ressemblances même de formes attirent l'insecte ailé.

Plongeant sa trompe de haut en bas, il fait fléchir la columelle, déchire le bursicule, détache les masses du pollen ; grâce au rétinacle qui termine le caudicule, celles-ci adhèrent à ses pattes, à sa trompe ou à son corset, et, transportées de fleur en fleur, se fixent sur le stigmate élargi et spongieux. Un poète ne pourrait-il pas imaginer que les pollinies, portées sur l'aile du papillon, volent d'une fleur à l'autre à travers les airs et se placent, d'elles-mêmes et par choix, dans l'exacte position qui seule leur permet de réaliser leur désir et de perpétuer leur race ?

Tout ce labeur a pour but de produire la semence, la graine ; or, toutes les orchidées sont très-fécondes. Les quatre capsules d'une *Cephalanthera grandiflora* peuvent contenir 24,000 graines.

L'*Orchis maculata* a, par capsule, 6,200 graines, et, comme il peut avoir plus de 30 capsules par pied, ce serait un total de 186,300 graines capables en 3 ans de recouvrir d'un tapis vert uniforme la surface des terres émergées. Pour chaque graine, il faut plusieurs grains de pollen. M. Darwin a estimé que les deux pollinies d'une seule fleur d'*Orchis maculata* donnaient 120,000 grains de pollen, 20 pour chacune des 6,200 graines d'une capsule.

Les Orchidées sont rares, comment donc s'arrête cette effrayante propagation ? On l'ignore.

Mais la prévoyante Nature n'a-t-elle pas encore muni

la plante d'un bourgeon souterrain qui tantôt continue la racine mère, tantôt s'en sépare sous forme de tubercule ?

Cet organe propagateur, le bulbe, est le produit d'un bourgeon ou latéral, ou terminal dans la tige sans fleur. Plusieurs générations de tubercules peuvent se succéder sans floraison, ce qui explique qu'un botaniste ait trouvé des fleurs où son successeur n'en trouve pas un seul pied. La pousse qui fleurit n'a qu'un tubercule, qui ne fleurira pas, mais donnera une autre pousse de deux ou trois tubercules qui multiplieront à leur tour, et dont quelques-uns atteindront l'évolution finale, la floraison au beau soleil après plusieurs générations. (1)

Facile à détacher, ce bulbe se cache en terre, échappe à la destruction et fournit à l'homme un remède et un aliment adoucissant et fortifiant, composé de sel marin, d'une matière azotée, de phosphate de chaux. Le *salep* a l'odeur faible du *Mélilot* et la saveur de la gomme adragante. Analeptique et mucilagineux en Gaule, il a en Orient d'autres vertus dues à d'autres substances. Le salep de France se tire de l'*Orchis mascula* ; Retz et Geoffroy emploient les *Orchis militaris*, *fusca*, *morio*, *maculata*, *latifolia*, l'*Anacamptis pyramidalis* ; *Platanthera bifolia et montana* ; *Himantoglossum hircinum* ; *Aceras anthropophora* ; *Ophrys arachnites* et *apifera*.

---

1. M. Fabre d'Avignon.

A la floraison, recueillez les tubercules nouveaux, gros et fermes, et non celui qui est flétri ; lavez-les, enfilez-les en chapelets qui bouilliront à grande eau. Deviennent-ils pâteux ? Retirez-les, séchez-les à l'étuve ou au soleil et réduisez en poudre. Cette farine, délayée à froid dans du lait ou du bouillon, donne, par ébullition, une gelée agréable au goût et saine à l'estomac. — Les fruits de la *vanille* sont aromatiques et l'*Angrecum fragrans* des Mascareignes donne le Thé de Bourbon ou Faham employé dans la phthisie pulmonaire.

J'ai eu recours pour ce Mémoire à mon herbier d'abord, et aux ouvrages suivants :

MM.

Boreau. — Flore du Centre.

Arnaud. — Flore de la Haute-Loire.

De Brébisson. — Flore de la Normandie, 4e éd.

Kirschleger. — Flore Vogeso-Rhénane.

Mérat. — Flore des environs de Paris, 2e éd.

Darwin. — On the Fertilisation of Orchids by insects, 2d edition.

Bautier. — Tableau analytique de la Flore parisienne, 1re éd.

Cosson et Germain de Saint-Pierre. — Flore des environs de Paris, 2e éd.

Lloyd. — Flore de l'Ouest de la France, 2e éd.

Duchartre. — Éléments de botanique.

J.-H. Fabre. — Recherches sur les tubercules de l'*Himantoglossum hircinum*.

Cauvet. — Nouveaux éléments d'Histoire naturelle médicale.

Moquin-Tandon. — Éléments de botanique médicale.

Le Monde des Papillons de M. Maurice Sand.

Puissions-nous, chétifs, suivre de loin ces maîtres, et inspirer au lecteur le désir de les fréquenter !

GENRES ET ESPÈCES.

I. — ACERAS ANTHROPOPHORA
Phot. 4 et 10.

(Homme-Pendu).

Syn. Ophrys Anthropophora.

Les bulbes sont entiers, la tige de 2 à 7 décimètres se garnit de 4 à 5 feuilles oblongues-elliptiques à neuf nervures ; l'épi, en cône allongé, se pare de bractées courtes et parcheminées. Les divisions du casque se réunissent en tête ; les deux segments intérieurs sont petits, étroits ; le nectaire est réduit à deux dépressions arrondies. Le labelle, à quatre lanières étroites, est pendant et porte deux petites bosses. La columelle gynandre ou gynostème n'a qu'une anthère fertile. Le caudicule est court, les disques visqueux empiètent l'un sur l'autre ; l'ovaire est contourné et le stigmate allongé transversalement.

L'*Aceras a.* offre un aspect vert-jaune-clair plaisant à l'œil ; parfois la fleur est bordée de rouge ; il fleurit en mai et juin sur les collines herbeuses des calcaires de Clamecy, Armes, Sembert, Basseville, Surgy, Andryes, Chevroches, Villiers-sur-Yonne, Brèves, Dornecy, Rix, Latrault, Billy, Varzy, Châteauvert.

II. — LOROGLOSSUM HIRCINUM.

Phot. 5.

(Le Satyre, le Bouquin).

Syn. Himantoglossum hircinum ; satyrium hircinum; aceras hircina; orchis fœtida.

Les bulbes ovoïdes ou sphériques ont 20 millimètres de diamètre; la tige fleurie, de 4 à 9 décimètres, se garnit de feuilles inférieures vert pâle ou jaunies; celles du milieu et du sommet sont vert glanque et embrassent la tige; l'épi de 1 à 2 décimètres est muni de bractées dépassant l'ovaire.

Le casque vert rosé est formé de cinq segments réunis, les trois extérieurs ovales-oblongs, les deux intérieurs plus petits, étroits; l'éperon est très-court.

Le labelle, très-long, roulé en spirale avant la floraison, muni de deux lanières latérales linéaires, se développe en un ruban ondulé, flexueux de 4 à 5 centimètres de long, garni à la base de houppes purpurines; l'extrémité est rosée.

La columelle gynandre porte une anthère à loges fendues et laissant échapper le pollen anguleux; les disques visqueux du caudicule sont soudés; l'ovaire est contourné.

Cette plante, d'un aspect gris jaunâtre peu gai, répand une odeur de *bouc* caractéristique, qui lui a valu son nom et qui doit attirer les insectes en les trompant comme le fait par son odeur cadavérique l'*Arum Dioscoridis* cité par M. le Dr Lortet. (1)

La fleur se trouve en juin et juillet dans les pelouses herbeuses et sèches des calcaires de Clamecy, près Rix surtout.

Vu près le parc de Saint-Aignan (Sarthe).

III. — ANACAMPTIS PYRAMIDALIS.
Phot. 4 et 10.

(A. Pyramidal).

Syn. Aceras pyramidalis ; orchis pyramidalis.

Les bulbes sont arrondis ou ovales, la tige de 2 à 5 décimètres, droite, grêle, élégante est garnie à la base de 4 à 7 feuilles lancéolées, linéaires, aiguës, carénées, d'un vert gai et luisant, celles du milieu ou du sommet embrassent la tige et forment gaine.

L'épi court, conique, serré, porte des fleurs petites d'un carmin pourpre étincelant, très-rarement blanches ; elles sont entremêlées de bractées, à trois nervures linéaires, aiguës, allongées, parfois colorées de rose, égales en largeur à l'ovaire.

Les trois lobes supérieurs du périanthe, égaux, forment le casque et les deux latéraux sont étalés.

Le labelle, à éperon horizontal égal à l'ovaire ou plus court, est muni de deux crêtes proéminentes

____

1, Tour du Monde, Mars 1880.

inclinées vers le centre pour diriger la trompe des papillons ; l'extrémité se partage en trois lobes égaux en longueur, oblongs, obtus, entiers, les deux extérieurs plus larges que le lobe moyen.

La columelle porte une anthère unique contenant les masses de pollen et s'ouvrant en fente longitudinale ; le stigmate a deux surfaces arrondies distinctes de chaque côté du rostesllum, en forme de poche et déjeté vers le nectaire. Avec un crin on peut voir comment les pollinies peuvent se fixer par leur rétinacle semblable à une selle, se durcir en quelques secondes, décrire un arc de cercle et se projeter en avant pour frapper juste la surface visqueuse du stigmate qui retiendra des paquets de pollen.

Cette plante, par le vert gai de ses feuilles, l'élégance de son port, le rose-pourpre de son teint, charme la vue la moins exercée ; les enfants l'auraient bientôt détruite ; mais par des bulbes, par une immense quantité de graines, la Providence n'a-t-elle pas assuré sa reproduction ?

L'Anacamptis propre au calcaire pare les coteaux desséchés de Clamecy, Varzy, Dornecy, Chevroches, Villiers-sur-Yonne, Brèves, Armes, Basseville, Surgy, Pousseaux, Andryes, de mai à la fin juin.

Les abeilles le visitent et fécondent ses capsules surtout dans les endroits buissonneux et abrités ; la teinte pourpre étincelant attire les papillons de jour, et une forte *odeur de renard* tente les lépidoptères de nuit ; tous les goûts sont satisfaits.

LISTE DES LÉPIDOPTÈRES.
Darwin.

1 Pieris brassicæ.
2 Polyommatus alexis.
3 Lycœna phlœas.
4 Arge galatea.
5 Hesperia sylvanus.
6 — linea.
7 Syrichtus alveolus.
8 Anthrocera filipendulæ.
9 — trifolii.
10 Lithosia complanata.
11 Leucania lithargyria.
12 Agrotis cataleuca.

13 Caradrina blanda.
14 — alsines.
15 Eubolia mensuraria.
16 Hadena dentina.
17 Heliothis marginata.
18 Xylophasia sublustris.
19 Euclidia glyphica.
20 Toxocampa pastinum.
21 Melanippe rivaria.
22 Spilodes palealis.
23 — cinctalis.
24 Acontia luctuosa.

IV. — 1. ORCHIS FUSCA.

Phot. 1.

(Or. Fauve)

Syn. Orchis purpurea ; Orchis militaris ; Orchis militaris magna.

Les bulbes sont gros, ovales, allongés ; la tige fleurie, de 4 à 9 décimètres, a de 6 à 8 feuilles très-larges, ovales, oblongues, d'un beau vert clair, les supérieures sont engainantes. Les fleurs purpurines forment un épi gros, ovale, de plus d'un décimètre, muni de bractées membraneuses de beaucoup plus courtes que l'ovaire ; les lobes supérieurs du périanthe, soudés à la base, effilés et libres au sommet, sont rapprochés en casque d'un pourpre foncé ou brun violet.

Le labelle a trois divisions, deux latérales étroites, linéaires, celle du milieu en cœur est divisée au sommet en deux lobes élargis et crénelés, avec une petite pointe dans l'échancrure.

La surface du labelle, blanc d'émail ou rosé, est parsemée de petites houppes purpurines. L'éperon, dirigé en bas, obtus, courbé, est plus court que l'ovaire contourné.

L'aspect de cette belle plante change avec les terrains, aussi a-t-elle bien des variétés ; permis à chaque botaniste de donner à chacune d'elles le nom de ses amis.

Cette orchis, propre au calcaire pare les coteaux herbeux de Varzy, Villiers-sur-Yonne, Billy, Brèves, Dornecy, Armes, Chevroches, Basseville et Andryes, le paradis des Orchis, du 15 mai au 15 juin.

---

2. ORCHIS MILITARIS.

Phot. 1 et 10.

(Orchis militaire).

Syn. O. Rivini ; O. Galeata ; O. Mimusops ; O. Cinerea.

Les bulbes sont entiers, ronds ou ovales, la tige de 1 à 6 décimètres de hauteur est garnie de feuilles vert pâle, la plus haute est embrassante ; les bractées membraneuses, plus courtes que l'ovaire, n'ont qu'une nervure plus ou moins distincte. Les fleurs, en épi serré, gros, ovale ou un peu allongé, offrent un casque blanc-rosé ou gris-cendré en dehors, tacheté ou rayé de lilas au dedans.

Le labelle, à éperon obtus et sans nectar, est rose-lilas ou blanc, et porte deux petites houppes pourprées; il a trois divisions, deux latérales linéaires; celle du milieu, se partage en deux lobes élargis avec une dent à l'échancrure; l'ovaire est contourné.

Cette plante, venant au milieu des *Orchis fusca* et *simia* qui lui ressemblent d'aspect, de port et de couleur, commande l'attention par sa beauté et sa rareté et se plait à Villiers-sur-Yonne, à la côte de Chevroches à Cúncy, à Andryes, du 15 mai à la fin juin.

3. ORCHIS SIMIA.

Phot. 1.

(O. Singe).

Syn. Orchis militaris; O. Tephrosanthos; O. Zoophora.

Les bulbes sont ovales, entiers; la tige de 3 à 6 décimètres est robuste; les feuilles inférieures, de six à sept, sont oblongues, lancéolées : les deux supérieures sont engainantes; les bractées sont plus courtes que l'ovaire, membraneuses, effilées, et n'ont qu'une nervure peu distincte.

Les fleurs, rose ou blanc cendré, donnent un épi ovale ou oblong.

Les cinq divisions supérieures du périanthe se réunissent en casque aigu, rosé ou blanc cendré avec des points rouges; les deux extérieures sont souvent soudées, les deux intérieures sont linéaires et libres.

Le labelle, à éperon obtus, plus court que la moitié de l'ovaire et un peu courbé en bas, se partage en trois lobes; les deux latéraux en lanières linéaires, celui du milieu se subdivise en deux lanières linéaires, très-étroites, avec petite pointe à l'échancrure. Ces quatre lobes entrelacés en pattes d'araignée cachent l'éperon qui n'atteint pas la moitié de l'ovaire contourné.

Les trois *Orchis fusca, militaris, simïa* ont été réunis par Linné en un seul genre.

Mais comment, vivant ensemble, sur les coteaux de Maisonfort à Andryes, ne se confondent-ils pas? Ils fleurissent à la même époque; les mêmes insectes, mêlant le pollen des uns et des autres, les fécondent et aucune race nouvelle! Chaque genre offre les variations ordinaires de taille, de couleur, de floraison plus ou moins hâtive, d'avortements d'organes, mais en trois ans, dans un lieu où, sur un hectare, se rencontrent presque toutes les *Orchidées de Clamecy*, ces trois espèces n'ont pas offert d'hybrides.

L'Orchis simia se voit très-rare de Clamecy à Chevroches, à Surgy, à Maisonfort-sur-Andryes, à Druyes-les-Belles-Fontaines.

4. ORCHIS USTULATA.

Phot. 1.

(O. Brûlé).

Les bulbes sont ovales ou arrondis, entiers ; la tige de 1 à 4 décimètres est garnie de 4 ou 5 feuilles en rosette ; 2 ou 3 autres embrassent la tige.

Les bractées vertes, à une seule nervure, ont la longueur de l'ovaire. Les fleurs, en épi serré, petites, réunissent leurs lobes ovales et libres, en casque d'un pourpre foncé noir. Le stigmate est double et latéral.

Le labelle, à éperon trois fois plus court que l'ovaire contourné, est blanc de lait et a une dent à l'échancrure ; il est tacheté de points ou de houppes rouges.

Cet *Orchis* doit au mélange de noir l'aspect brûlé d'où vient son nom.

Il fréquente les calcaires siliceux de Clamecy, sans craindre les schistes et les granits, de mai à juillet.

5, ORCHIS MASCULA.

Phot. 2.

O. Mâle (Pentecôte).

Syn. Morio mas ; Cynosorchis morio mas.

Les bulbes sont entiers, gros, ronds ou ovales ; la tige haute de 3 à 5 décimètres possède 3 à 5 feuilles radicales, oblongues, lancéolées, planes, obtuses, souvent tachées de noir; les bractées à une seule nervure égalent l'ovaire.

Les fleurs purpurines, rosées ou blanches, sans raies, sont en épi lâche, allongé.

Des divisions supérieures du périanthe, trois se réunissent en casque, les deux latérales sont étalées, écartées, dirigées en arrière.

Le labelle, à éperon gros, cylindrique, obtus, long comme l'ovaire, a trois lobes ; deux latéraux courts, le médian prolongé, échancré.

Tout sol sied à cette plante grossière, qui vit partout, d'avril à juin.

6. ORCHIS MORIO.

Orchis Bouffon (Pentecôte).

Cet Orchis commun a les bulbes peu profonds, ovales ou arrondis; la tige de 2 à 3 décimètres, est plus frêle qu'*Orchis mascula* qui fleurit en même temps. Les feuilles radicales sont lancéolées, obtuses, étalées, les supérieures engaînantes, courtes et appliquées ; les bractées colorées égalent l'ovaire.

Les fleurs purpurines, roses ou blanches sont en épi assez court. Les cinq divisions supérieures sont réunies en casque et *rayées de vert.*

Le labelle a trois lobes crénelés, les deux latéraux

grands et réfléchis, le moyen court et divisé. L'éperon est obtus, plus court que l'ovaire contourné.

Cet Orchis en avril , mai, habite les pelouses et prés secs de tout terrain, et est visité par les abeilles et les bourdons.

ORCHIS CORIOPHORA.

(Or. punais).

Les bulbes entiers sont petits; la tige de 2 à 3 décimètres, a les feuilles linéaires. Les bractées vert pourpre égalent l'ovaire. Les fleurs en épi serré , d'un rouge sale, exhalent une forte odeur de punaise caractéristique.

Je l'ai cueilli à Cambon, Loire-Inférieure. Juin 1864.

6. bis. ORCHIS PALUSTRIS.

Phot. 7.

(Or. des Marais).

Syn. Orchis laxiflora ; Or. ensifolia ; Or. tabernæmontani.

Les bulbes sont ronds; la tige fleurie, élancée, haute de 4 à 7 décimètres est lisse ou rugueuse au sommet; les feuilles, pliées en gouttière, sont lancéolées, étroites, dressées, pointues ; un épi lâche et long porte peu de fleurs pourpre foncé, entremêlées de bractées à trois ou cinq nervures, dépassant l'ovaire. Le casque est formé par les divisions supérieures, obtuses, écartées, ascendantes ou réfléchies.

Le labelle, à éperon gros, moins long que l'ovaire contourné, est plié en sa longueur ; les bords se rejettent en arrière ; il a trois lobes, les latéraux très-larges et déjetés, arrondis ou crénelés, le moyen échancré, court, nul ou distinct.

Cette plante, variable d'aspect, vit au marais d'Andyres et dans les prairies spongieuses de tout terrain.

7. ORCHIS MACULATA.

(Or. Tacheté).

Les bulbes sont palmés et ressemblent grossièrement à une main dont les grosses fibres seraient les doigts ; la tige élancée, pleine, est, dans sa hauteur, de 3 à 6 décimètres, garnie de feuilles oblongues lancéolées, tachetées de plaques noires transversales ; les supérieures sont plus étroites ; les bractées, plus courtes que l'ovaire ne dépassent pas les fleurs purpurines, rosées ou blanches qui garnissent l'épi conique. Le casque est à divisions aiguës, et les deux latérales sont très-pointues et écartées.

Le labelle nectarifère, à éperon obtus, épais, égalant presque l'ovaire contourné, a trois lobes très-marqués ; le moyen est plus long, plus court ou égal aux deux autres ; il est aigu ou obtus, élargi ou rétréci selon les variétés. Il est fécondé par le *Bombus muscorum*, *Empis livida*, *Empis pennipes*.

L'*Orchis tacheté* vient partout ; il préfère les prés, les bois, les collines argileuses, siliceuses, granitiques ou schisteuses, mais humides ; il vit sur les sommets des Cévennes et du Cantal il est moins ami du calcaire ; on en trouve quelques pieds, disséminés çà et là dans les bois de Clamecy en mai et juin ; il est plus commun à Varzy.

8. ORCHIS LATIFOLIA.

Phot. 3 et 10.

(O. à large feuille).

Les bulbes sont palmés, droits ; la tige est droite, *creuse*, ferme, de 3 à 6 décimètres, garnie de feuilles lancéolées, larges, allongées, planes, à gaine longue et lâche, parfois elles sont tachées de brun. Les bractées ou feuilles florales dépassent les fleurs purpurines ou roses d'un épi serré. Les divisions supérieures s'unissent en casque ; les deux extérieures sont étalées.

Le labelle tacheté de pourpre, à éperon plus court que l'ovaire contourné, a trois lobes peu distincts, les deux latéraux rejetés en arrière dentelés ; le moyen un peu plus grand, obtus. Le caudicule de la pollinie se termine en un disque distinct.

Cet *Orchis*, à larges feuilles, d'un beau vert-pâle luisant, parfois tachées de noir, surmontées d'un cône de fleurs empourprées, entremêlé de vertes bractées, frappe l'œil même inexpérimenté. Il orne en mai et juin les prés humides de l'Yonne, du Beuvron, de l'Eugénie, du Sauzay, de la Cure, des marais d'Andryes, de Lormes.

Il aime les terres d'alluvion, les sables, les granits, les gneiss, fuit le calcaire pur, et varie beaucoup de taille et de couleur ; ses fleurs peuvent passer du rose foncé au rose tendre et même au blanc de lait. Les insectes du genre *Bombus* le visitent. Quelques botanistes font une espèce à part de la variété suivante.

---

9. ORCHIS INCARNATA.

Phot. 8.

(Orchis incarnat).

Syn. Orchis divaricata ; orchis latifolia var. angustifolia.

Les bulbes n'ont que deux lobes terminés par une

longue fibre divariquée, ou qui s'écarte ; les feuilles
sont allongées, plus étroites, rarement terminées en
capuchon. Le labelle a trois lobes, à bords légèrement
rabattus. Les fleurs, rouge incarnat, ou rosées ou
blanches se trouvent, en juin et juillet, aux marais
d'Andryes.

10. ORCHIS SAMBUCINA.

(Or. Sureau).

Syn. Orchis Pallens.

Les bulbes sont palmés ; mais à doigts très-courts,
la tige creuse, de 15 à 22 centimètres, a cinq feuilles
ovales, oblongues, distancées, étalées ; les supérieures
sont dressées. Les bractées foliacées à 3 ou 5 nervures
dépassent les *fleurs jaunes* ou très-rarement rose
pourpre. Les segments du casque sont ovales-oblongs,
obtus et les deux latéraux s'écartent et se dirigent en
arrière. Le labelle presque orbiculaire, crénelé, à trois
lobes peu distincts, se prolonge en éperon assez gros
plus court que l'ovaire·

L'O. *Sambucina* nul sur le calcaire, aime le granit,
le gneiss, le sable. Je l'ai cueilli avec M. Moullade, du
Puy, au lac du Bouchet, Haute-Loire. Pentecôte 1873.

V. — 1. OPHRYS MUSCIFERA.

Phot. 2.

(O. Mouche).

Syn. O. myodes ; O. insectifera myodes ; Testiculus muscarius.

Les bulbes sont arrondis ou ovales de la grosseur d'une noisette ; la tige fleurie, de 2 à 6 décimètres, est grêle, élancée, garnie à la base de trois ou quatre feuilles lancéolées, pointues, légèrement dentelées ou ondulées, à nervures parallèles nombreuses et distinctes. L'épi brun porte de cinq à dix fleurs espacées à l'aisselle d'une bractée foliacée. Le périanthe extérieur a trois divisions oblongues, vertes, étalées ; les divisions intérieures linéaires, allongées en coin, brun foncé, ressemblent à deux petites cornes, deux antennes d'insecte.

Le labelle sans éperon, allongé, pendant, brun, velouté, à tache bleuâtre, glabre au milieu, a trois lobes, deux latéraux pointus, le troisième plus grand échancré à l'extrémité, simule le corps d'une mouche.

Les deux masses de pollen sont contenues dans une anthère à deux loges distinctes parallèles et fixées chacune à un rétinacle distinct. L'ovaire est légèrement contourné ; aussi le labelle paraît-il dirigé de côté. Les fleurs fécondes sont dans la proportion de une sur sept.

L'Ophrys mouche, élégante, délicate, un peu sauvage, fuit les cultures et se plaît aux coteaux herbeux et chauds de Villiers-sur-Yonne, des bords du canal de la Côte-Palotte à Cuncy, Corvol-l'Orgueilleux, Saint-Bonnet, Andryes et Druyes-les-Belles-Fontaines, toujours dans le calcaire. Je l'ai cueillie, dans le calcaire de Cambon, (Loire-Inférieure,) près le château de Coeslin 1864, et au Parc de Versailles à la Croix du Canal, 1875.

2. OPHRYS ARANIFERA.

Phot. 2.
(O. Araignée).

Cette plante a les bulbes arrondis, légèrement ovales ; la tige de 1 à 3 décimètres est élancée, garnie à la base de quatre à cinq feuilles ovales, mucronées, vert-blanc grisaille, et de une à deux feuilles caulinaires engaînantes, à extrémité libre, lancéolée. L'épi allongé porte 3 à 6 fleurs espacées, naissant à l'aisselle des bractées lancéolées fort aiguës ; les trois divisions du périanthe extérieur sont oblongues, étalées, libres, vert pâle ; les deux intérieures sont plus petites et glabres. Le labelle, sans éperon, d'un brun rouillé, velu, convexe à bords réfléchis en dessous, est légèrement dirigé de côté par la torsion de l'ovaire ; il porte au centre deux raies de couleur plombée, glabres, en forme de fer à cheval ; deux petites bosses émergent à sa base ; l'extrémité n'a aucun appendice.

La columelle, *en tête de moineau, à bec court*, porte une anthère à deux loges où les masses polliniques sont fixées à un rétinacle distinct. Peu d'insectes visitent la plante aussi les capsules sont rares.

L'*Ophrys araignée* propre au calcaire ou aux bords de la mer, se plaît sur les coteaux herbeux et secs. Les auteurs indiquent sous le nom d'*Ophrys pseudo-speculum* une variété à labelle verdâtre et dessin blanchâtre au milieu, c'est, je crois, le type dans un état de floraison plus avancé. Elle se trouve au Sembert et fleurit en avril et mai. Rare à Rix, à Paroi, à Sembert-le-Haut, à Saint-Bonnet, l'*Ophrys araignée* est assez commune à Varzy, à la Côte-Pâlotte, à Cuncy et entre la Maison-Fort-sur-Andryes et Druyes-les-Belles-Fontaines,

3, OPHRYS ARACHNITES,

Phot. 3.

(Ophrys fausse araignée ; frelon ; Martigaut).

Syn. O. Fucifera.

Les bulbes sont arrondis, peu profonds ; la tige fleurie de 2 à 5 décimètres, est munie de cinq à six feuilles radicales, lancéolées, oblongues, pointues, un peu dressées le long de la tige ; une ou deux feuilles caulinaires sont engaînantes, lancéolées, mucronées, d'un vert brillant qui noircit à la dessiccation.

L'épi porte, à l'aisselle de bractées lancéolées, de trois

à neuf fleurs espacées. Les divisions extérieures du périanthe, oblongues, obtuses, sont blanches dans le bouton, rosées ou blanches dans la fleur épanouie ; mais leur nervure médiane est toujours verte ; les deux divisions intérieures sont petites, triangulaires, élargies à la base, obtuses, veloutées, rosées.

Le labelle, sans éperon, en forme de *violon*, est couvert de poils veloutés, bruns, soyeux, luisants ; il a trois lobes, les deux latéraux sont verticaux et forment deux petites cornes triangulaires, obtuses, brunes, hérissées ; l'intermédiaire, grand, entier, convexe, a les bords repliés en dessous ; il est marqué à la base de lignes entrelacées, symétriques, ou de taches bleuâtres parallèles ; *il se termine en un appendice triangulaire jaune ou blanc, mais toujours dirigé en avant.*

La columelle, en *tête de moineau*, courte, à bec aigu contient l'anthère à deux loges parallèles, où les masses polliniques réunies par un caudicule court sont fixées à deux rétinacles distincts.

4. OPHRYS APIFERA.

Phot. 8 et 10.

(O. Abeille).

Les bulbes sont arrondis ou un peu ovales : la tige de 3 à 5 décimètres, élancée, est garnie de cinq à six feuilles ovales ou oblongues, noircissant à la dessiccation.

Elle porte de trois à six fleurs, assez grandes, en épi lâche. Les trois divisions extérieures du périanthe sont *roses même dans le bouton*, étalées, lancéolées, ovales; les deux intérieures petites, linéaires, jaune vert, poilues.

Le labelle, sans éperon et en forme de *violon*, est brun pourpre, très-velouté, marqué de lignes jaunes ou orangées, glabres, symétriquement entremêlées de lignes brunes; il a trois lobes repliés et deux petites cornes à la base; il se *termine par une pointe en crochet, courbée en dessous*; on ne la voit qu'en retournant la fleur.

La columelle, en bec de canard, longue, flexueuse, à pointe aiguë, contient l'anthère à deux loges.

Les deux masses de pollen, en forme de poire, se détachent des loges, et grâce à leurs caudicules longs et flexibles, pendent en l'air à la hauteur du stigmate. Le moindre souffle amène la fécondation directe, aussi voit-on autant de capsules que de fleurs. — (Phot. 10.)

L'ovaire, légèrement tordu, rejette un peu de côté la fleur dont la forme rappelle une abeille : de là son petit nom.

Les deux *Ophrys arachnites* et *apifera*, ont même aspect élégant, même forme apparente, même taille, même habitation; leur beauté commande l'attention; leurs couleurs sont brillantes, leur figure originale, elles mériteraient d'être cultivées. Délicates toutes deux, elles n'aiment que le calcaire; un peu sauvages elles se cachent dans les coteaux herbeux, exposés au soleil, où elles vivent en amies.

Quoique jumelles, on les distinguera avec de l'attention : 1° la columelle de l'*Ophrys arachnites* est courte en *bec de moineau* ; celle de l'*Ophrys apifera* est longue, flexueuse, en *bec de canard* ; 2° le labelle de la première est entier, terminé en appendice courbé en avant, celui de la deuxième a trois lobes, cachés par la flexion, mais existant, et il est terminé en un petit appendice courbé en dessous ; 3° le caudicule de la première est raide et de moitié plus court que celui de la seconde ; 4° la première fleurit du 1er au 20 juillet, la deuxième du 18 juin au 20 juillet sur les coteaux de Rix, Villiers-sur-Yonne, Varzy, Brèves, Dornecy, Armes, la Côte-Pâlotte, Maison-Fort-sur-Andryes.

VI. — 1. PLATANTHERA BIFOLIA.

Phot. 7.

(Petit Orchis Papillon.)

Syn. Orchis bifolia ; Platanthera solstitialis ; Platanthera brachyglossa.

Les bulbes sont ovales, animés à l'extrémité et terminés en longues fibres ; la tige élancée porte à la base deux feuilles ovales oblongues, lancéolées, rétrécies en pétiole ; celles de la tige n'ont pas de pétiole et ressemblent à des bractées. L'épi est ovale, garni de bractées vertes à plusieurs nervures, et égales à l'ovaire. Le casque a ses divisions oblongues-ovales, les deux extérieures sont étalées.

Le labelle, simple, lancéolé, linéaire, porte un éperon vert-jaune, effilé en alêne, courbé, deux fois plus long que l'ovaire et rempli de nectar. Les disques visqueux sont rapprochés, petits, l'entrée du nectaire est quadrangulaire, le caudicule est bien plus court que dans *Platanthera montana*.

La columelle porte une anthère à deux loges séparées par une lame membraneuse; *ces deux loges sont parallèles:* les grains de pollen sont presque blancs. Les fleurs blanches, teintées de vert, répandent une odeur suave, surtout le soir ou à l'ombre; elles attirent les papillons *Agrotis segetum. Anaitis plagiata* et les abeilles aux Buflières d'Andryes, du 15 juin au 15 juillet.

PLATANTHERA MONTANA.

Phot. 3.

(Orchis de Montagne).

Syn. Orchis montana ; Orchis bifolia ; Platanthera chlorantha.

Les bulbes, la tige, les bractées, l'ovaire, le labelle, l'éperon sont presque semblables à Platanthera bifolia ; mais; 1° *les feuilles sont bien plus larges, presque ovales;* 2° les fleurs sont plus grandes, moins serrées, moins odorantes; 3° *les loges de l'anthère ne sont pas parallèles*

mais divergentes au bas, et convergentes vers le sommet ;
4° les masses polliniques sont plus jaunes, le caudicule
est *trois fois plus long,* et terminé par un disque
visqueux, *circulaire et non ovale,* comme celui de
Platanthera bifolia, et sa glu adhésive reste plus
longtemps liquide. Le nectaire très-long, attire par son
odeur suave les papillons de nuit : *Hadena dentina,*
Plusia v. aureum, et les abeilles.

Cette plante aime les marais, les côtes humides et
boisées, les montagnes jusqu'à 1500 mètres, les terres
fortes, argile, calcaire, basalte. Elle hante tous les
bois autour de Clamecy, Varzy et les marais d'Andryes,
de mai à juillet. (1)

VII. — I. GYMNADENIA CONOPSEA.

Phot. 6 et 10.

(Orchis Moucheron).

Les bulbes sont palmés ; la tige fleurie, de 3 à 6
décimètres, grêle, très-élancée, est garnie de feuilles
lancéolées, vertes, luisantes ; une ou deux sont
espacées sur la tige élancée, surmontée d'un long épi
de 8 à 12 centimètres, muni de bractées, dépassant

---

1. NOTA.— Il y a une erreur dans les photographies.
Platanthera bifolia est dans l'épreuve n° 7 et *P. montana*
n° 3.

l'ovaire, vertes, à trois nervures. Les fleurs purpurines ou rose pâle, rarement blanches, ont une odeur peu prononcée, mais très-agréable; les deux divisions extérieures, ovales oblongues, sont très-étalées, presque pendantes; les trois autres se réunissent en casque. Le labelle a trois lobes ovales, obtus; le moyen, ou plus long ou égal aux autres, porte un éperon grêle, en alène et *deux fois plus long que l'ovaire* contourné, de même couleur que la fleur et les masses du pollen sont attachées directement à des rétinacles nus, semblables à des bandelettes, et insérés à la base du nectaire. On peut, avec une soie, enlever ces pollinies comme le font avec leur trompe les abeilles et les papillons *Anaitis triphœna* et les *Plusia chrysitis, gamma, plugiata, pronuba.*

Les fleurs viennent en juin sur les coteaux calcaires de la Tambourinette, Armes, Dornecy, Villiers-sur-Yonne, la Côte-Pâlotte, Andryes, Druyes-les-Belles-Fontaines, Varzy.

2. GYMNADENIA ODORATISSIMA,

Phot. 6.

(Orchis odorant).

Par ses bulbes palmés, son port, sa couleur, son aspect général, cette plante risque d'être confondue avec la *Gymnadenia conopsea*: mais: 1° sa tige est bien plus grêle ; 2° ses feuilles sont étroites, presque linéaires, glauques ; 3° l'épi est plus mince, plus délié, moins conique ; 4° l'éperon est délié, égal à l'ovaire ou à peine plus court ; 5° les cinq divisions étalées sont droites et non pendantes, le labelle est très-petit ; 6° la fleur exhale une suave odeur de vanille, surtout le soir, et attire les abeilles par son nectar.

Cette plante délicate, parfumée, se mêle à la précédente, mais elle est bien plus rare. Elle a été signalée par M. Boreau à Dornecy ; je l'ai cueillie sur les coteaux de la Côte-Pâlotte, à Cuncy, à Maison-Fort-sur-Andryes et au Mont Lidou, du 15 juin au 15 juillet.

VIII. — HERMINIUM MONORCHIS,

(Orchis musc.)

Syn. Ophrys monorchis ; Herminium clandestinum.

Le bulbe paraît unique ; celui de l'année précédente a péri lors de la floraison ; d'autres à pédicelles plus ou moins longs reproduiront la plante ; celui qui reste est petit, ovale ; la tige de 10 à 15 centimètres élancée, porte à la base deux écailles engaînantes, puis deux à trois feuilles lancéolées ; une autre bien plus petite occupe le milieu de la hampe fleurie ; les bractées égalent l'ovaire. L'épi, grêle, un peu en spirale allongée, se garnit de fleurs, vert jaune, petites, à odeur de fourmi, ou de miel.

Le périanthe est en clochette; toutes les divisions sont dressées; celles de l'intérieur, oblongues, pointues dépassent les segments obtus extérieurs. Le labelle sans éperon, à trois lobes linéaires, aigus, redressé, se creuse à la base, et ce nectaire exhale une forte odeur de miel et attire les insectes *Tetrastichus diaphantus* et *Malthodes brevicollis*.

Les masses du pollen sont presque sessiles, à rétinacles libres, très-grands, et non renfermés dans un bursicule; l'ovaire est tordu ou contourné.

Cette gracieuse et délicate espéce, propre au calcaire, et excessivement rare, fleurit à la fin juin, sur les pelouses sèches du Moulin du Châtelet à Varzy, et m'a été communiquée par M. Roussillon.

IX. — HABENARIA VIRIDIS.

(Orchis vert ou Grenouille.)

Syn. Orchis viridis; satyrium viride; Cæloglossum viride; Platanthera viridis; Gymnadenia viridis; Peristylus viridis,

DE DARWIN.

Cette plante, que je n'ai pu découvrir dans les marais tourbeux d'Andryes à Druyes, a les bulbes palmés; la tige de 1 à 3 décimètres est garnie de feuilles ovales à la base, ovales-oblongues au milieu, lancéolées au sommet ; l'épi, à fleurs espacées, est entremêlé de bractées qui dépassent les fleurs verdâtres, qui lui ont valu son nom.

Le rétinacle visqueux est recouvert par un réseau si délié qu'avant M. Darwin on l'avait négligé ; ce disque met du temps à durcir, car le nectaire ouvert et pourvu d'un suc abondant, n'exige de l'insecte aucun effort amenant une violente réaction. Je l'ai vu à Prinquiau, (Loire-Inf.) en juin 1864, et à Bauzit, (Haute-Loire) en 1873.

IX ^{bis.} SERAPIAS CORDIGERA.
(Elleborine en cœur).

Les tubercules sessiles sont arrondis ; la tige fleurie de 2 à 5 décimètres est garnie de feuilles dressées engaînantes qui se continuent en bractées nervées, colorées ou tachées d'un gris brun. Les fleurs voient leurs segments supérieurs réunis en casque pointu, de la couleur des bractées. Le labelle poilu, rouge vineux porte à la base deux bosses ; deux segments, latéraux redressés, sont recouverts par le casque ; le troisième pend en *forme de cœur*, et vaut à la plante son nom. Elle est visitée par l'abeille *xylopa violacea*.

Pré sous la vigne du château de l'Escurays (Loire-Inf.) 29 mai 1863, avec MM. Denis et Henri Espivent de Perran.

Le serapias lingua m'est inconnu.

X. — NIGRITELLA ANGUSTIFOLIA.

(Or. noir).

Syn. Orchis nigra; satyrium nigrum.

Les bulbes sont palmés ; la tige fleurie, de 15 à 25 centimètres, est munie à la base de feuilles en écaille ; les supérieurs sont lancéolées, linéaires, très-étroites, les bractées dépassent les fleurs petites, rouge sang de bœuf, à forte odeur de vanille.

Le labelle à éperon, court, est redressé, car l'ovaire n'est pas contourné. Les disques visqueux sont imparfaitements recouverts par le rostellum.

Arnaud l'a trouvé en juin, dans les prés volcaniques entre Rouffiac, et les Chanaux près St-Front, Hte-Loire ; je l'ai revu, mais en fruit, 15 août 1872.

NÉOTTIÉES.

XI. — i. NEOTTIA NIDUS-AVIS.

Phot. 4.

(Néottie nid-d'oiseau).

Syn. Ophrys nidus-avis.

La souche, le rhizome ou tige souterraine, est formée d'un paquet de fibres cylindriques entrelacées formant comme un nid d'oiseau ; ce rhizome périt parfois après la floraison ; mais quelques fibres radicales émettent un bourgeon terminal comme celui de l'*Epipactis palustris*, et donnent ainsi de nouvelles souches adventives. La tige fleurie, de 3 à 5 décimètres, est d'un fauve clair, et a tout l'aspect d'une *Orobanche* ; ses feuilles, dépourvues de matière verte, ressemblent à des écailles, mais elles sont engainantes ce qui les distingue de celles du *Monotropa hypopitys*. L'épi, à bractées lancéolées plus courtes que l'ovaire, porte plusieurs fleurs brun fauve ; les divisions supérieures du périanthe, courtes et distinctes, se rapprochent en clochette ; le labelle, sans éperon, pendant, dirigé en bas, est divisé en 2 lobes profonds et obtus et sécrète à sa base, un nectar abondant.

Les masses de pollen sont grenues, et réunies par des filaments peu solides; l'ovaire n'est pas contourné.

La *Neottia nid-d'oiseau*, cueillie dans les forêts humides et argileuses de Varzy, par M. Roussillon, est indiquée par Boreau à Corvol l'Orgueilleux, et à Corbigny, par M. le Dr Heulhard d'Arcy.

Cette plante, qu'on a dite annuelle, est vivace: j'en ai la preuve, dans un échantillon de mon herbier, page 63 n° 210, où l'on voit de vrais bourgeons souterrains.

Je l'ai cueillie : Haute-Loire, bois du lac de St-Front, août 1872; Sarthe, parc du château de St-Aignan et forêt de Bonnétable, juin 1867; parc de Versailles, porte du Cerf-Volant, et bois de Viroflay, 1875.

XII. — LIMODORUM ABORTIVUM.

Phot. 6 et 16.

(L. à feuilles avortées).

Syn. Orchis abortiva,

Le rhizome ou tige souterraine est très-profond, brun, charnu, à fibres cylindriques entrelacées; un bourgeon placé à l'avant du rhizome reproduit le pied, l'année suivante. La tige robuste, de 4 à 8 décimètres, est violette; les feuilles réduites à l'état de gaine font l'effet d'écailles embrassantes; les bractées violettes, membraneuses, à plusieurs nervures dépassent l'ovaire.

Les fleurs, espacées sur l'épi allongé, sont grandes, d'une teinte violette, et marquées de raies plus foncées. Les divisions supérieures du périanthe se réunissent en casque, qui embrasse le labelle. Celui-ci est rétréci au milieu et comme articulé; en arrière de l'articulation il est dressé et prolongé en éperon en alène, de la longueur de l'ovaire, et recourbé vers la tige en avant; il est ovale-oblong, entier, blanc au milieu, et rosé ou violet sur les bords ondulés et crénelés.

La columelle, soudée à l'éperon, porte une anthère presque sessile, obtuse, où les masses farineuses de pollen ne sont réunies par aucune matière visqueuse.

L'ovaire est droit, mais son support, ou pédicelle, est contourné.

La couleur de la tige, l'absence de feuilles, la grandeur et la beauté des fleurs, leur forme originale attirent l'attention sur cette plante rare et propre aux seuls terrains calcaires.

Elle embellit, en juin, les coteaux arides et montueux, les clairières des bois, les pelouses incultes et les buissons de genévriers de Varzy, Villiers-sur-Yonne, Dornecy, la Côte-Palotte, Val-des-Rosiers, Poil-Rôty, Surgy, Pousseaux et la Maison-Fort-sur-Andryes. Les fibres du rhizome enserrent souvent des racines mortes ou vivantes de genévrier; et je crois que le *Limodorum abortivum* est un parasite de *Juniperus communis*.

XIII. — LISTERA OVATA.

(Listère ovale ; double-feuille).

Syn. Neottia ovata : Ophrys ovata : Neottia latifolia : Ophrys bifolia.

La souche souterraine est formée de fibres nombreuses, en faisceau, assez longues ; la tige-fleurie, de 4 à 5 décimètres, est dressée, élancée, grêle, glabre à la base, pubescente, glanduleuse au sommet ; elle n'a que deux feuilles très-larges, opposées, ovales, vert-clair, terminées en petite pointe effilée, très-courte ; elles ont trois grandes nervures qui se réunissent au sommet et à la base et enserrent d'autres petites nervures moins prononcées.

L'épi grêle, d'un décimètre de long, est orné de nombreuses fleurs vert-jaune, entremêlées de petites bractées membraneuses, ovales, aiguës, à une seule nervure, bien plus courtes que l'ovaire et de la longueur du pédicelle.

Les divisions supérieures du périanthe se dressent en casque.

Le labelle est linéaire, allongé, pendant, vert-jaune, sans éperon, étalé, partagé à l'extrémité en 2 lobes écartés : l'ovaire n'est pas contourné.

L'anthère est protégée par le large bec de la columelle et chaque pollinie a des masses de pollen retenues par des fils très-faibles. Le bursicule, taillé en pointe, fait saillie sur le stigmate et le labelle, se creuse en sillon dont les bords sécrètent beaucoup de nectar.

Attirés par le doux liquide, les hyménoptères *Hœmiteles* et *Gryptus* s'élèvent le long de la lame étroite du labelle jusqu'à ce que leur tête soit au niveau du bursicule dont ils touchent la voûte. La gouttelette visqueuse jaillit, le pollen se colle à leurs antennes ou à leur corset; il voltige avec eux de fleur en fleur et se fixe sur le stigmate spongieux, où les 4 granules qui forment le grain composé de pollen s'épanouiront en tubes.

Les araignées carnassières connaissent si bien que la *Listera O.* a des attraits pour les insectes, qu'elles la recouvrent de leurs perfides filets.

La double-feuille fleurit en mai et juin dans les bois humides et ombragés du Lez à Andryes, de Corvol-l'Orgueilleux, de Varzy; de Trianon et du Butard à Versailles, de St-Flour, de Doue et de Brives près le Puy de la Haie-de-Besné et de Cambon Loire-Inf.

XIV. — 1. SPIRANTHES ÆSTIVALIS.
(Spiranthe d'été).

Syn. Satyrium exiguum : Neottia æstivalis: Ophrys spiralis.

La racine est formée de 4 bulbes, 2 anciens et 2 nouveaux, en fuseau allongé; aussi ces plantes se trouvent-elles généralement deux par deux.

La tige fleurie, de 15 à 25 centimètres, munie à la base de 3 à 5 feuilles lancéolées, linéaires, pointues, voit les feuilles supérieures décroître, se dresser, engaîner et garnir la hampe.

Les fleurs pubescentes se disposent en spirale régulière sur l'épi grêle, contourné ; elles sont petites, blanches, à odeur suave, à l'ombre, le soir. Les divisions du périanthe se réunissent à la base, s'étalent au sommet ; elles sont pubescentes comme l'ovaire non contourné.

Le labelle, sans éperon et non rétréci au milieu, est recouvert par les divisions latérales extérieures ; il est court, obtus, un peu recourbé en arrière, ses bords sont ondulés ou plissés.

La columelle, courte, prolongée en lame à 2 pointes, porte l'anthère persistante, à loges contiguës et parallèles ; les granules du pollen sont soudés par quatre, en masses réunies par un rétinacle commun.

Cette plante délicate et rare m'est apparue en fruit au marais d'Andryes. Elle fleurit du 15 juillet à septembre. M. Boreau l'indique à Montsauche. Je l'ai cueillie au marais de l'Hirondelle en Prinquiau, (Loire-Inf.)

2. SPIRANTHES AUTUMNALIS.

(Spiranthe d'automne)

Syn. Neottia spiralis ; Ophrys spiralis.

Les 3 ou 4 tubercules de la racine sont ovales,

allongés, épais; la tige fleurie de 10 à 15 centimètres, n'a que des gaines écailleuses embrassantes aiguës; les feuilles du bourgeon, qui doit fournir la hampe de l'année suivante, naissent en faisceau, à côté de la tige; elles sont ovales, rétrécies à la base. Les fleurs sessiles se disposent en spirale sur l'épi contourné; elles sont petites, blanches en forme de tube, *respirent* une *odeur de vanille* surtout le soir; elles sont velues, pubescentes comme les ovaires non contournés.

Le labelle sans éperon, sans rétrécissement, petit, échancré et, crénelé ou denté, se creuse en sillon et se munit à la base d'un nectaire à orifice très-étroit placé juste sous le bursicule. Celui-ci en forme de lame saillante, mince, longue et plate, contient les disques visqueux, en forme de barque, et très-adhésifs, comme on peut s'en assurer avec un crin ou une soie. Le pollen est divisé en lames pour que l'insecte ne le dépose pas tout à la fois.

Les *abeilles* s'abattent sur les fleurs les plus basses, remontent la spirale, enlèvent ainsi les pollinies fraîchement écloses et les portent sur un autre pied. Le pollen le plus récent sera donc distribué aux stigmates les plus anciens, ceux de la base de la spirale. Ainsi, dans sa ronde, l'abeille augmente sa provision de miel, féconde de nouvelles fleurs, perpétue la race des *Spiranthes*, qui à son tour, donnera du miel aux futures générations d'abeilles!

Le *Spiranthes a.* manque souvent au granit, mais n'affectionne aucun terrain particulier, il vient sur les

pelouses arides, fin d'août et septembre. Je l'ai cueilli
sous la charmille du château de l'Escurays (Loire-Inf.)
et dans un pré sous l'Abiouradou à Maurines (Cantal).

XV. — EPIPACTIS PALUSTRIS

Phot. 8 et 9.

(Epipactis de Marais).

Syn. Serapias palustris.

La souche, le rhizome, est rampant, garni de fibres
allongées, cylindriques, donnant des bourgeons
reproducteus, l'un d'eux termine toujours la tige
souterraine. La hampe fleurie, de 3 à 6 décimètres,
très-pubescente au sommet, est garnie de feuilles
réduites à l'état de gaine à la base, grandes, oblongues,
lancéolées, les nervures nombreuses sont, en-dessous,
fortement marquées. L'épi, penché avant la floraison,
muni de bractées herbacées à plusieurs nervures et
plus longues que l'ovaire, porte des fleurs pédicellées,
pendantes d'un seul côté, d'un vert cendré mêlé de
pourpre. Les segments supérieurs du périanthe se
rapprochent en casque; le labelle, sans éperon, se
rétrécit brusquement au milieu, puis s'élargit en
appendice large, entier, à deux saillies obtuses en
forme de rein, crénelé, blanc, marqué de stries

purpurines et jaunes, non contourné, mais porté sur un pédicelle contourné. La base est une coupe pleine de nectar.

La columelle, en lame quadrangulaire, porte derrière le bursicule et le stigmate une anthère sessile, obtuse, à lobes contigus, parallèles, où les masses de pollen sont réunies par un rétinacle commun. Ces grains sphériques, réunis par quatre, sont enlevés par les abeilles, la *sarcophaga carrosa*, la *cœlopa frigida*, le *crabro brevis*.

Cette élégante orchidée orne, en juin et juillet, les marécages d'Andryes à Druyes-les-Belles-Fontaines.

---

2. EPIPACTIS ATRO-RUBENS.

Phot. 9.

(Epip. pourpre-foncé).

Syn. Epipactis latifolia atro-rubens ; Serapias microphylla ; Epipactis rubiginosa.

Le rhizome noir, épais, écailleux, garni de fibres et terminé par le bourgeon reproducteur, porte une hampe fleurie de 4 à 5 décimètres, garnie de gaines écailleuses et de 4 à 5 grandes feuilles ovales, ou ovales lancéolées, embrassantes, à nervures nombreuses et saillantes ; les feuilles supérieures sont

lancéolées, étroites, redressées ; les bractées, même
inférieures, sont plus petites que les fleurs rouge-
pourpre - cendré, rouge - rouille, ou rouge-fauve,
même dans le bouton, et tournées du même côté. Le
labelle, court, a des bosses saillantes, plissées,
crispées et contient du nectar. Elle n'a pas de bursicule. Les fourmis la visitent, quoiqu'elle puisse laisser
tomber seule le pollen sur le stigmate.

Elle orne, en juillet, de ses rares épis, les
Remouillets et la Forêt Nardin à Andryes. Boreau
l'indique à Surgy, Pousseaux, Dornecy, Chevroches.
(Haute-Loire,) Mont de la Denyse, bois de Douc.

3. EPIPACTIS VIRIDIFLORA.

Phot. 9.

(Epip. à fleurs vertes).

La tige robuste, pouvant atteindre à 8 décimètres,
est garnie de 5 à 10 feuilles, les unes larges, ovales,
ou ovales lancéolées, rapprochées, embrassantes, à
nervures saillantes ; les supérieures de plus en plus
petites, lancéolées, linéaires comme les bractées dont
les inférieures ne dépassent guère les fleurs vertes, et
en boutons et épanouies. Les fleurs ont le pédicelle
court, contourné, mais l'ovaire ne l'est pas. Le labelle,
ou vert-clair, ou violacé, ou même rose-pourpre, ne

dépasse pas les divisions supérieures du périanthe. Elle sécrète du nectar et j'ai rencontré de petits coléoptères, mâle et femelle, se jouant dans ses fleurs. Les autres caractères sont communs au genre Epipactis.

Elle fleurit, du 15 juin en août, à Maison-Fort-sur-Andryes.

---

4. EPIPACTIS LATIFOLIA.

(E. à larges feuilles).

Syn. Serapias latifolia.

La tige, élancée, élégante, garnie de gaînes à la base, porte 5 à 6 feuilles très-larges, espacées, ovales, ou ovales triangulaires ; les deux ou trois supérieures lancéolées. Les bractées, au moins les inférieures, ont l'aspect de vraies feuilles qui diminuent peu à peu ; les inférieures peuvent avoir de cinq à six fois la longueur de la fleur, les supérieures l'égalent à peine. Elle fleurit en juillet à Maison-Fort-sur-Andryes.

Ces trois rares et élégantes plantes mériteraient d'être cultivées. La *Flore des environs de Paris* par **MM.** Cosson et Germain de Saint-Pierre, 1871, sous le

même nom d'*Epipactis latifolia*, réunit comme variétés
du même genre *Atro-rubens, viridiflora* et *latifolia* ;

Mérat n'admettait que deux variétés : *latifolia* et
atro-rubens ; Kirscheleger n'admet *viridiflora* et *atro-
rubens* que comme variétés de l'*Epipactis latifolia* ;
M. Lloyd met *Atro-rubens* variété de *latifolia* ; Arnaud,
Flore de la Haute-Loire n'admet qu'*Epipactis latifolia* ;
Boreau cite comme espèces différentes : *Latifolia*,
assez commune dans le bassin de la Loire, sans
localités ; *Viridiflora*, à Pougues-les-Eaux et Varennes ;
Atro-rubens, à Surgy, Pousseaux, Dornecy, Chevroches.
Sont-ce des espèces différentes ou de simples variétés ?

Examinons. 1º ressemblances : elles ont un aspect,
un sort analogue ; elles habitent les mêmes coteaux
de calcaire pur ou calcaire crayeux ; elles vivent côte
à côte à Maison-Fort-sur-Andryes, sans hybrides. 2º
Différences : *Atro-rubens*, a les bractées inférieures ou
égales aux fleurs ou plus petites ; *Latifolia* a les
bractées inférieures, une, trois, cinq fois plus longues
que les fleurs ; *Epipactis viridiflora* a la tige plus
robuste, les feuilles plus fortes, plus serrées, la couleur
verte *même en bouton* ; elle fleurit 15 jours plus tôt,
à Maison-Fort-sur-Andryes ; à la fin juin, ses épis
sont épanouis, quand *Atro-rubens* n'a que quelques
fleurs à peine entr'ouvertes. Boreau a fait la même
remarque à Pougues-les-Eaux.

XVI. — 1. CEPHALANTHERA GRANDIFLORA.

Phot. 4.

(Céphalanthère à grandes fleurs).

Syn. Epipactis grandiflora ; Serapias longifolia D ;
Serapias grandiflora ; Serapias lancifolia lonchophyllum ;
Epipactis lancifolia ; Epipactis pallens ; Cephalanthera pallens ;
Cephalanthera lancifolia ; Helleborine flore albo ;
Serapias grandiflora.

La souche souterraine, ou rhizome rampant, garni
de fibres, se dirige sur le sol de haut en bas et se
termine en un bourgeon reproducteur ; la tige, de 3 à
6 décimètres, est garnie de 3 à 4 gaines suivies de 3
ou 4 feuiiles vertes, ovales, lancéolées, largement
elliptiques, embrassantes, aiguës ou obtuses, à sept
nervures ; les bractées, ou feuilles florales inférieures,
dépassent l'ovaire. La fleur, jaune-blanc, à pédicelle
court, est dressée ; les divisions du périanthe sont
obtuses, rapprochées, plus longues que le labelle, sans
éperon, ovale en cœur, obtus, taché de jaune doré,
brusquement rétréci au milieu.

La columelle porte l'anthère en tête, d'où le nom
grec du genre ; les grains du pollen forment une
poussière plus ou moins tenue, jamais une masse

compacte. L'anthère s'ouvre avant l'épanouissement de la fleur.

Le labelle dressé parallèlement à la colonne, les pétales latéraux adhérents mettent le pollen très-friable à l'abri de la pluie et du vent.

La *Cephalanthera grandiflora*, belle, rare, très-délicate, est amie des calcaires mêlés de craie. Je n'en ai trouvé, du 15 mai au 20 juin, que quelques pieds sur les coteaux de Maison-Fort-sur-Andryes. Boreau l'indique à Clamecy et Villiers-sur-Yonne.

2. CEPHALANTHERA XYPHOPHYLLUM.

Phot. 4.

(Céphalanthère à feuilles en épée).

Syn. Epipactis ensifolia ; Serapias longifolia ; Serapias ensifolia ; Serapias grandiflora ; Cephalanthera ensifolia ; Serapias nivea ; Helleborine ensifolia spicata.

La souche, ou rhizome, garnie de fibres grêles, se termine en bourgeon reproducteur; la tige fleurie de 3 à 4 décimètres, dont un au moins en terre, porte à la base 3 ou 4 gaines écailleuses, élargies, demiembrassantes; les 4 ou 5 feuilles du milieu sont d'un vert brillant, allongées, lancéolées, un peu élargies en forme d'épée, très-pointues; les trois ou quatre supérieures sont linéaires, en forme de fleuret; les bractées inférieures dépassent quatre ou cinq fois les fleurs; mais elles vont en diminuant, les supérieures sont presque nulles; elles sont sur deux rangs comme les feuilles et ont les nervures parallèles et bien prononcées.

L'épi de 7 à 15 fleurs, est conique, assez serré, d'un blanc de lait; le labelle court, obtus, à crêtes ondulées, est tacheté de jaune-fauve. La fleur a les caractères de la précédente; elle est de moitié plus petite, mais plus ouverte; l'ovaire est glabre et peu contourné.

Cette rare et charmante fleur tend à disparaître; elle n'est pas absolument particulière au calcaire. Du 15 mai ou 15 juin, j'en ai vu quelques pieds dans le bois entre Clamecy et Chevroches sur les carrières, aux bois de la Chapelle-Saint-Joseph-sur-Armes avec M. Darlet O., des Coudres, des Fourneaux, des Remouillères et de Lez, entre le Val des Rosiers et Ville-Savoie, à Chiry, à la Forêt Nardin à la Maison-Fort-sur-Andryes.

3. CEPHALANTHERA RUBRA.

Phot. 5.

(Céphalanthère rouge).

Syn. Epipactis rubra ; Serapias rubra.

Le rhizome est long, profond, muni de fibres et d'écailles nombreuses, terminé par le bourgeon reproducteur ; la tige fleurie de 3 à 6 décimètres, a de 5 à 7 feuilles vert-glauque, lancéolées, elliptiques, étroites, diminuant de taille aux deux extrémités, jusqu'à devenir linéaires au sommet ; les bractées vertes ne dépassent pas les trois à cinq fleurs rose-pourpre, grandes, espacées sur un épi, garni comme l'ovaire, de poils glanduleux. Le labelle, aigu, réuni presque aux segments supérieurs du périanthe, est marqué de lignes saillantes, ondulées, jaunes ou orangées. Les autres caractères sont ceux des deux espèces précédentes.

La *Céphalanthère rouge* est propre au calcaire ; elle est très-rare aux coteaux boisés de Chevroches, Chantenau, Villiers-sur-Yonne, Armes, Dornecy, Saint-Maurice, Surgy, Maison-Fort-sur-Andryes, Druyes-les-Belles-Fontaines, du 15 mai à la fin juin.

Ces trois plantes sont l'ornement de nos coteaux ou de nos bois ; elles ont la taille élégante, les formes délicates, l'aspect gai, les couleurs riantes ; si elles avaient le parfum de la violette, elles détrôneraient bien des fleurs, l'orgueil de nos jardins !

XVI. — MALAXIS PALUDOSA.

Syn. Ophrys paludosa.

« Les segments du périanthe sont très-étalés, le « labelle sans éperon est tourné en haut. Cette plante, « vert jaunâtre, de 7 à 12 centimètres de haut, est « délicate, pentagone et munie, à la base, de 2 à 3 « feuilles ovales, spatulées. Les fleurs sont petites, « jaunâtres, nombreuses sur l'épi grêle. Pendant la « floraison se développe sur la tige, et caché par la gaine « de la feuille supérieure, un bulbe reproducteur. » — R R. Loire-Inférieure et Morbihan. (1)

---

1. M. Lloyd.

CLEF ANALYTIQUE.

1. Plantes à fleurs distinctes, où les étamines et pistils sont visibles.

2. Fleurs séparées et non réunies en grand nombre sur un calice commun.

3. Anthères libres et non soudées ensemble en forme de tubes.

4. Fleurs munies d'une enveloppe florale, périanthe à plusieurs divisions.

5. Ovaire adhérant au périanthe, placé sous la corolle, formant un renflement visible au-dessous de la fleur.

6. Etamine portée sur la colonne du pistil. FAMILLE ORCHIDÉES.

GENRES.

Anthère unique soudée à la columelle, s'ouvrant en fente, pollen enduit d'une matière visqueuse, deux bulbes, OPHRYDÉES.

Grains de pollen farineux, pulvérulents, non réunis par une matière visqueuse, anthère s'ouvrant par un couvercle, non bulbeuses en général, NÉOTTIÉES, page 39.

OPHRYDÉES.

1. { Éperon ou bosse visible à la base du labelle 2
{ Point d'éperon ni de bosse 6

2. { Eperon atteignant à peine le quart de la longueur de l'ovaire, labelle en forme de lanière, odeur de bouc. LOROGLOSSUM, page 12.
{ Eperon atteignant la moitié de la longueur de l'ovaire ou plus long . . . 3

3. { Eperon effilé, grêle, dépassant ordinairement l'ovaire 4
{ Eperon gros, épais, rarement effilé et grêle, mais dépassant à peine la mi-longueur de l'ovaire. ORCHIS, page 15.

4. { Labelle très-entier, lancéolé en forme de langue, blanc-verdâtre comme toute la fleur. PLATANTHERA, page 31.
{ Labelle court, élargi, à trois lobes . . 5

5. { Bulbes entiers, épi serré, globuleux, unique. ANACAMPTIS, page 13.
{ Bulbes palmés, épi cylindrique ou conique. GYMNADENIA, page 33.

6. { Labelle simulant le corps d'un insecte, à bords réfléchis. OPHRYS, page 26.

Labelle redressé. NIGRITELLA, page 38.

Labelle à quatre lanières, simulant un homme pendu. ACERAS, page 11.

Labelle en forme de cœur. SERAPIAS, p.37.

Labelle en forme de lance; relevé, périanthe en cloche, fleurs blanchâtres à odeur de miel, de cire ou de fourmi, bulbe unique, ovaire contourné. HERMINIUM, page 35.

NÉOTTIÉES.

1. { Plantes aphylles, les feuilles sont réduites à une gaîne écailleuse, point de limbe vert. 2

Plantes feuillées à limbe vert 3

2. { Souche ou rhizome formé de fibres entrelacées, tige, écailles, fleurs d'un fauve-brun, éperon nul, labelle à deux lobes profonds et divergents. NEOTTIA, page 39.

Rhizome *profond*, tige, écailles et fleurs *violacées*, labelle éperonné, ovale-oblong, entier, un peu ondulé. LIMODORUM, page 40.

3. { Deux ou trois feuilles, rhizome tuber-
culeux, tige à cinq angles, anthère
persistante. MALAXIS, page 54.

Deux feuilles opposées, larges, ovales
ou en cœur, placées au tiers inférieur
de la tige. LISTERA, page 42.

Feuilles alternes sur la tige ou radicales 4

4. { Fleurs en spirale petites, deux ou
quatre bulbes allongés. SPIRANTHES, p. 43.

Fleurs lâches, non en spirale, grandes,
labelle rétréci, articulé au milieu,
souche fibreuse 5

5. { Masses polliniques attachées à un rétinacle commun, ovaire droit, pédicelle contourné. EPIPACTIS, page 46.

Masses polliniques sans rétinacle,
ovaire contourné, columelle très-
allongée. CEPHALANTHERA, page 50.

NOTA. 1° Les Orchis ne peuvent bien se préparer
qu'au moyen de papier buvard et d'un fer chaud pour
faire périr le bulbe.

2° Les photographies sont la réduction au septième ou
plus exactement au $\frac{61}{9}$.

CLAMECY. — Imprimerie Vᵉ CLCRÉTIN.

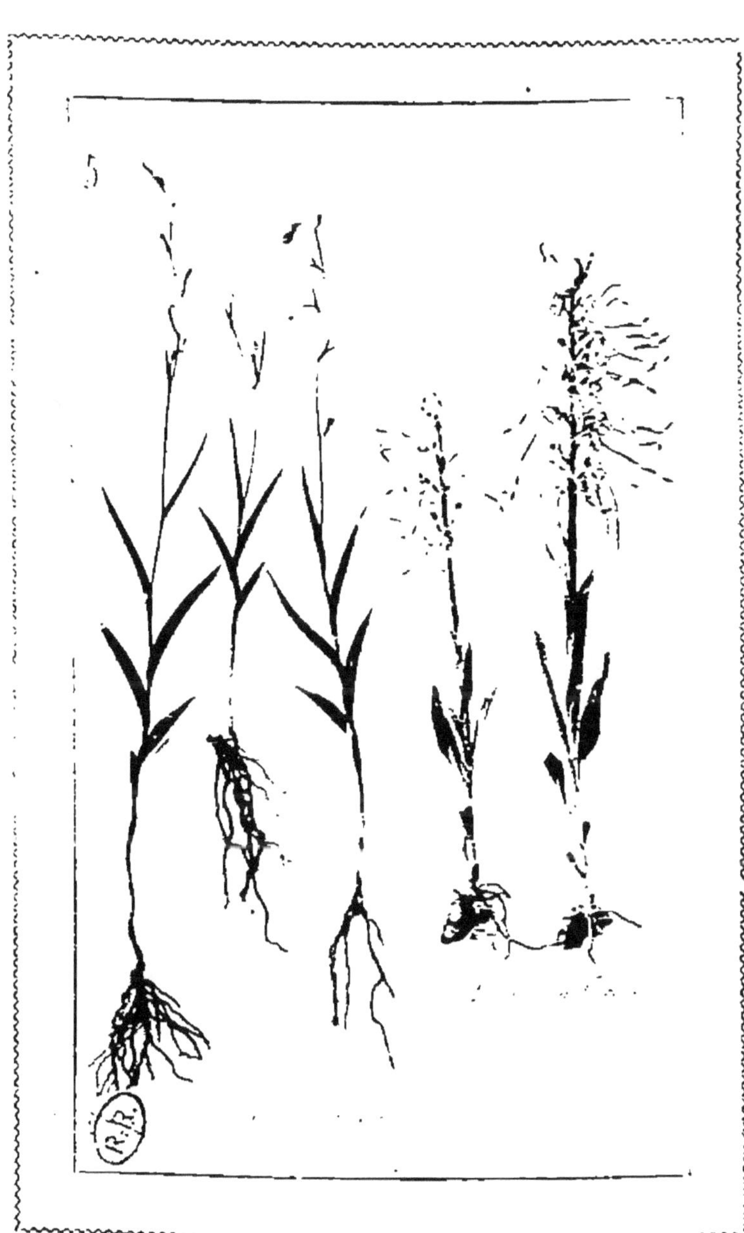

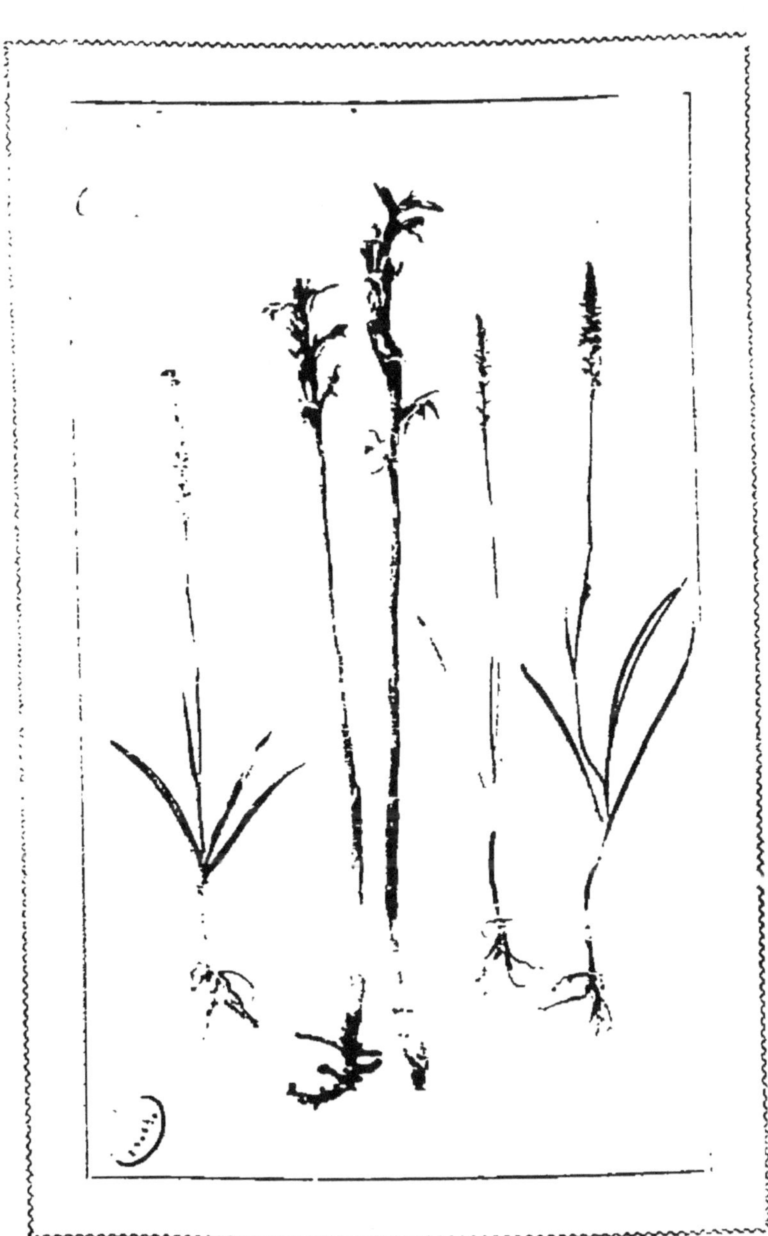

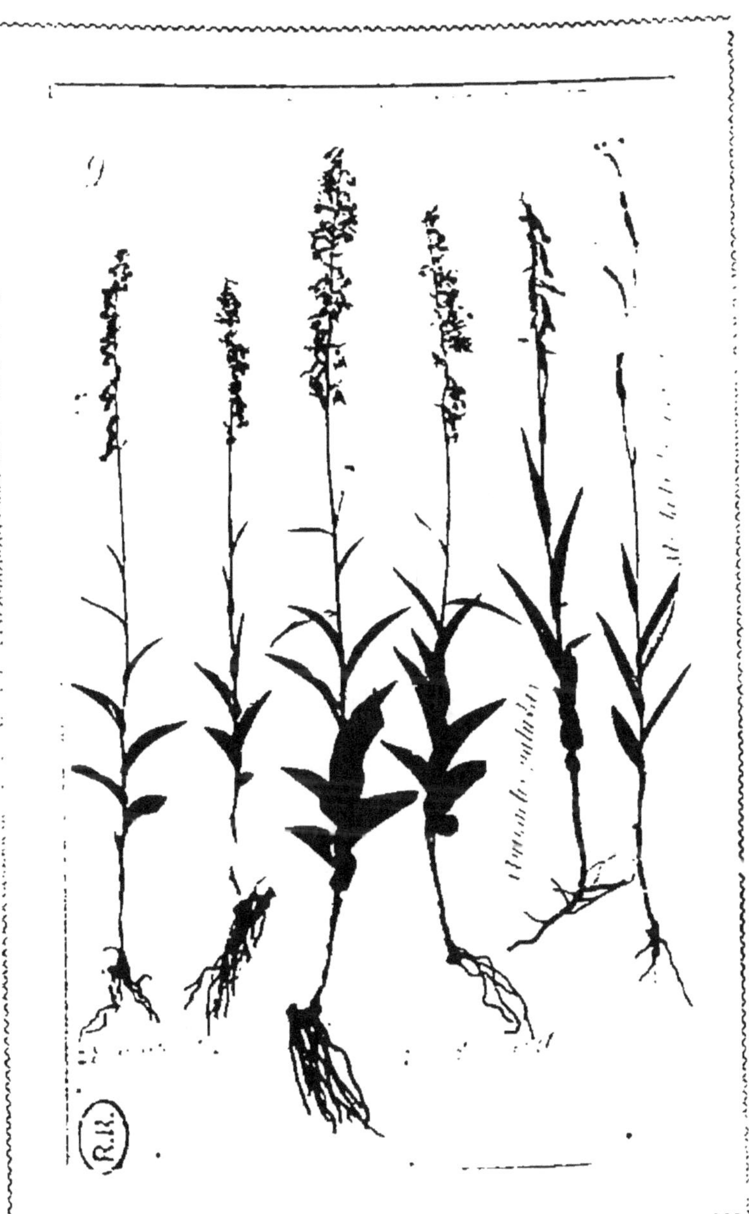

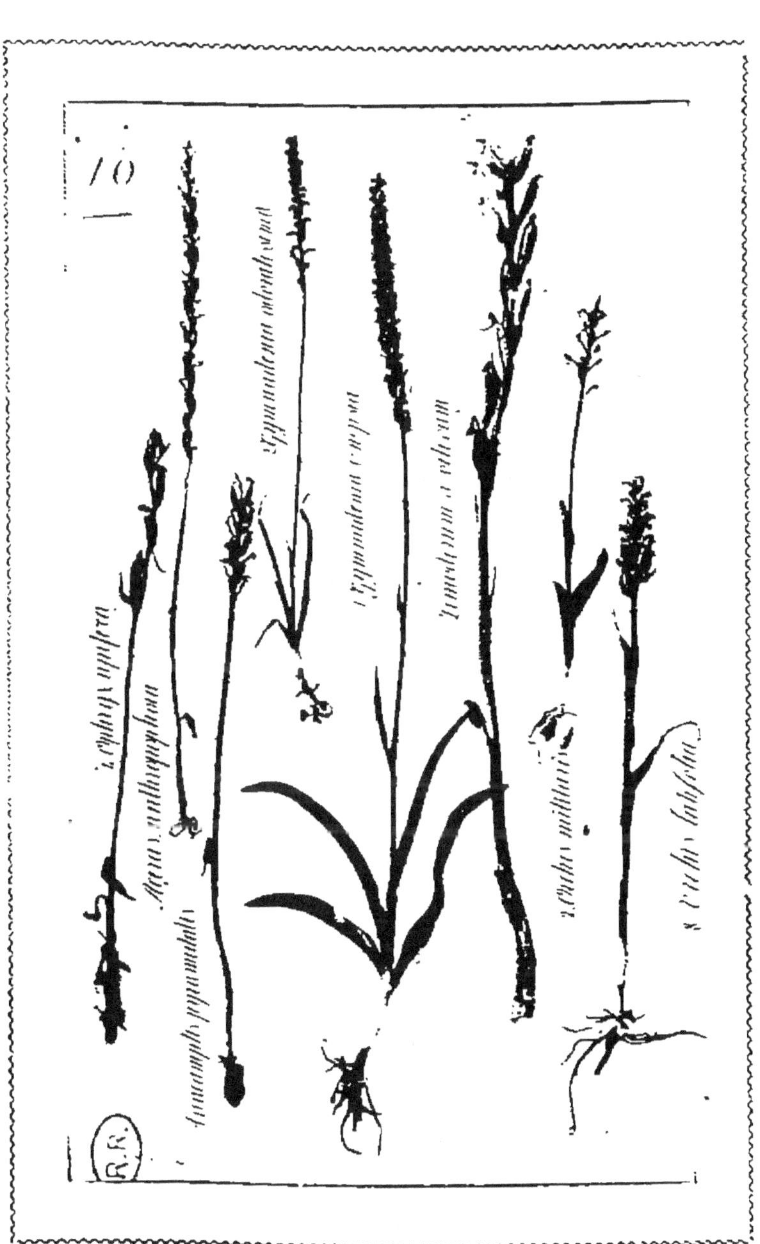